虽然我是一只狼，
可这并不妨碍我喜欢学习。

——阿呆语录

可爱的物理

是谁在搞鬼？

重力

谢茹·文　宋娇·图

北京日报出版社

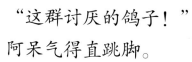

"这群讨厌的鸽子！"
阿呆气得直跳脚。

2

"真倒霉，博士。瞧我这身新衣裳！鸽子拉的便便怎么全往地上乱掉呢！"

"别生气，阿呆。这里面可有大学问呢！"

3

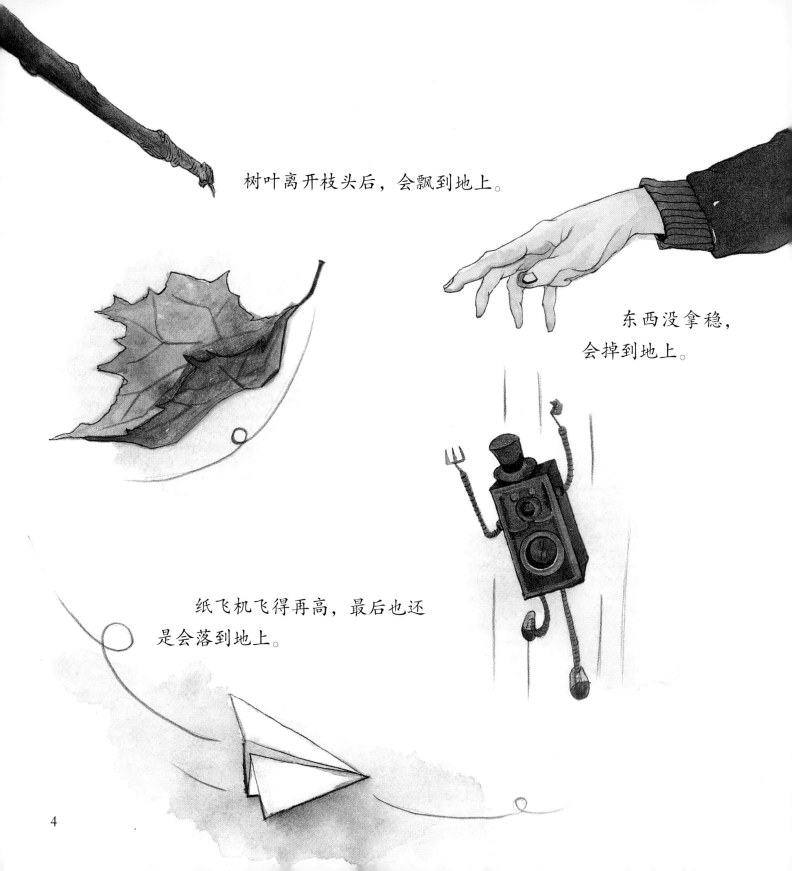

树叶离开枝头后，会飘到地上。

东西没拿稳，
会掉到地上。

纸飞机飞得再高，最后也还
是会落到地上。

4

"你发现了吗？地球上的所有东西，都会往下落，就像下面有看不见的手在使劲拉着它们一样。"

"还真是这样！博士，这到底是怎么回事？"

"其实很简单，地球会把它周围所有的东西都向下牵引，这种向下的牵引力叫作重力。"

万有引力

宇宙间所有的物体都有相互牵引的力量，我们把这叫作万有引力。

7

"阿呆，你能举出几个因为重力作用而产生的现象吗？"

"嗯，让我想想……"

"苹果会从树上落下来。"

"喷泉里冒出的水花，会落下来。"

啪

"哦，真对不起，博士，您的水杯也落到地上了……"

"所以鸽子在空中拉的便便会落下来一点儿也不稀奇啦! 哎, 鸽子? 啊, 不对! 博士, 鸽子在空中飞翔, 为什么没有因为重力而掉到地上呢?"

"那是因为它们在挥动翅膀时产生了浮力。这个浮力大于地球对它们的吸引力时，鸽子就会飞起来。但如果鸽子们停止挥动翅膀，它们也会和其他物体一样，在重力的作用下，落到地面上的。"

月亮围着地球转，也是因为重力的原因。地球对月亮产生吸引力，这种吸引力为月球在地球周围运转提供了动力。如果这种吸引力变大，月球就会更靠近地球；如果变小，就会更远离。所以，月亮既不会脱离运转的轨道，也不会掉到地面上。

"博士，上楼梯的时候感觉很累，会不会也是重力在搞鬼？"

"没错。从低处往高处走时，我们的运动方向与重力的方向相反，所以我们会感觉很费力。"

"哦，我知道了！下楼梯时，我们会感觉很轻松，这也跟重力有关吧？因为我们是顺着重力的方向向下走的，所以很省力！"

　　"要是没了重力，上楼梯就不会那么累了。地球上有没有没重力的地方呢？"

　　"哈哈，阿呆，在地球上，这样的地方是不存在的！虽然看不见摸不着，但在地球上，重力却和我们形影不离。"

在宇宙中漂浮的宇宙飞船里，宇航员受到的重力很小，也就是我们通常所说的"失重"。

在宇宙飞船里，因为受到的重力很小，所以东西都是漂浮着的。人们可以很轻松地举起非常重的物体，人们的血液不再往脚下流动，而是在身体的各个部分均匀地流动开，人的脸也会变得扁平圆，骨头与骨头之间的距离也会变宽。

　　"可是，重力也实在不讨人喜欢！有了它，搬东西会很费力；东西落下来，会砸到人；最最关键的是，鸟儿的便便总会时不时落到我们身上！"

　　"哈哈，你会这样想，是因为你不了解重力的重要性！阿呆，你坐过过山车或者海盗船吗？当我们从高处快速落下的那一刹那，其他物体对我们的支持力会变小，身体会突然飘起来，那可是一种非常令人害怕的感觉呢！"

失重不是等于没有重力，而是人感受不到重力的一种状态。

"如果地球上没有了重力，阿呆，你知道会怎么样吗？

地球上所有的东西都会飘浮起来，包括你的房子。

天空不会再下雨，也不会再下雪。

你最喜欢的足球比赛也没办法举行了，因为足球会飘在空中，一直不落下来。"

在地球周围，有一圈因为地球吸引而聚集在一起的大气层。如果没有了重力，这些气体就会扩散出去，我们会因此缺少可以呼吸的空气。

"啊？这，这……没有重力的生活的确太糟糕了！"

"哎呀，阿呆，你在干什么？"

"重力实在太重要了！我必须确认一下，它到底还在不在！"

图书在版编目（ＣＩＰ）数据

是谁在搞鬼？：重力 / 谢茹文；宋娇图. -- 北京：
北京日报出版社，2018.10
（可爱的物理）
ISBN 978-7-5477-3171-0

Ⅰ．①是… Ⅱ．①谢… ②宋… Ⅲ．①重力-少儿读
物 Ⅳ．①O314-49

中国版本图书馆CIP数据核字(2018)第213784号

是谁在搞鬼？ :重力

出版发行：北京日报出版社

地　　址：北京市东城区东单三条8-16号东方广场东配楼四层

邮　　编：100005

电　　话：发行部：（010）65255876

　　　　　总编室：（010）65252135

印　　刷：小森印刷（北京）有限公司

经　　销：各地新华书店

版　　次：2018年10月第1版
　　　　　2018年10月第1次印刷

开　　本：889毫米×1194毫米　　1/24

总 印 张：8

总 字 数：10千字

总 定 价：108.00元（全8册）